ENQUÊTE

SUR L'ÉTAT DE

L'AGRICULTURE FRANÇAISE

EN 1865

PAR M. A. DU CHATELLIER

CORRESPONDANT DE L'INSTITUT ET DE LA SOCIÉTÉ CENTRALE D'AGRICULTURE,
MEMBRE DE LA COMMISSION D'ENQUÊTE
DU CONGRÈS DES DÉLÉGUÉS DES SOCIÉTÉS SAVANTES.

MÉMOIRE

LU A L'ACADÉMIE DES SCIENCES MORALES ET POLITIQUES

PARIS

GUILLAUMIN ET Cⁱᵉ, ÉDITEURS
RUE RICHELIEU, 14

DUMOULIN, LIBRAIRE
QUAI DES AUGUSTINS, 13

1866

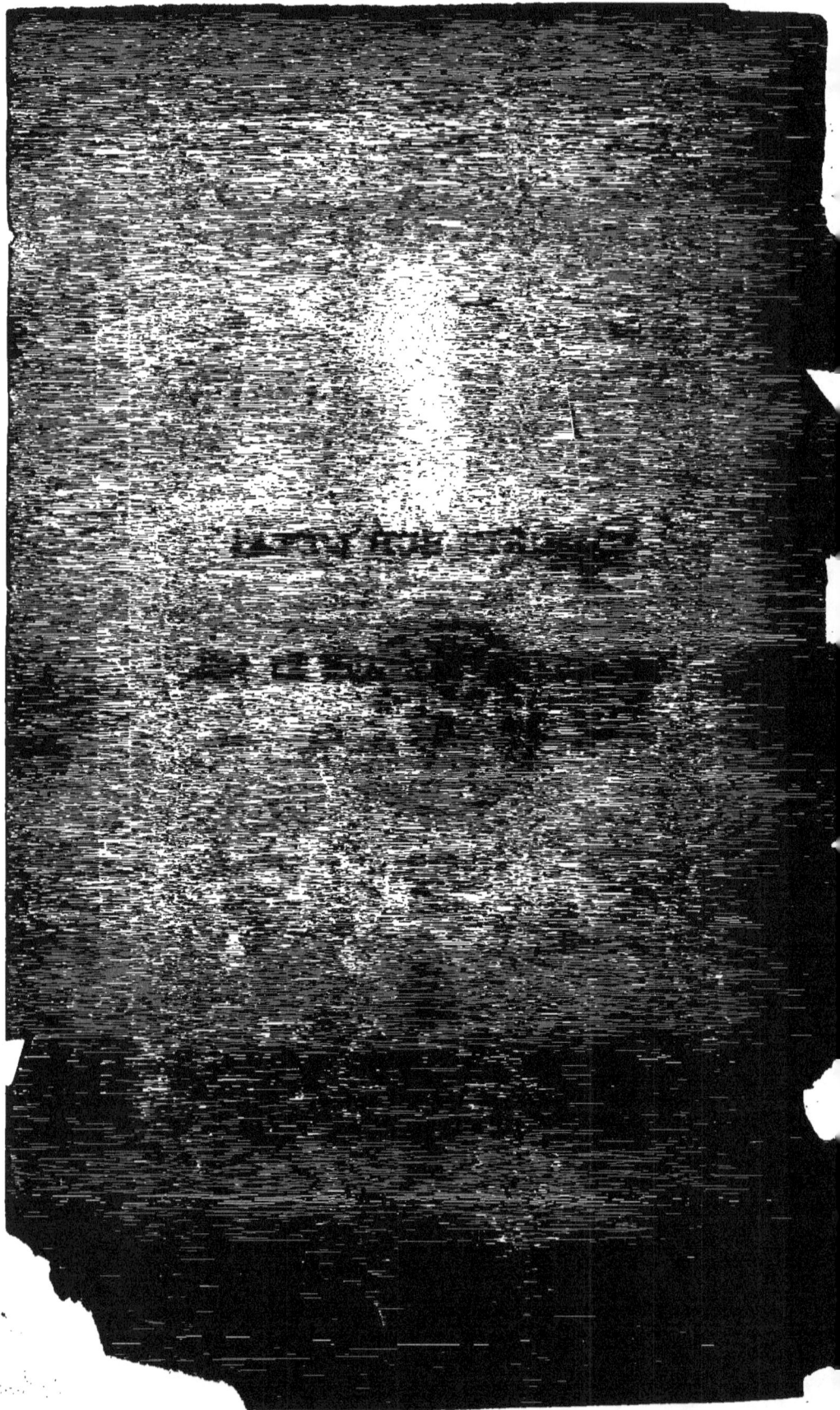

ENQUÊTE SUR L'ÉTAT

DE

L'AGRICULTURE FRANÇAISE EN 1865.

ENQUÊTE

SUR L'ÉTAT DE

L'AGRICULTURE FRANÇAISE

EN 1865

PAR M. A. DU CHATELLIER

CORRESPONDANT DE L'INSTITUT ET DE LA SOCIÉTÉ CENTRALE D'AGRICULTURE,
MEMBRE DE LA COMMISSION D'ENQUÊTE
DU CONGRÈS DES DÉLÉGUÉS DES SOCIÉTÉS SAVANTES.

MÉMOIRE

LU A L'ACADÉMIE DES SCIENCES MORALES ET POLITIQUES

PARIS

GUILLAUMIN ET Cⁱᵉ, ÉDITEURS
RUE RICHELIEU, 14

DUMOULIN, LIBRAIRE
QUAI DES AUGUSTINS, 13

1866

EXTRAIT DU COMPTE-RENDU

De l'Académie des Sciences Morales et Politiques,

RÉDIGÉ PAR M. CHARLES VERGÉ,

Sous la direction de M. le Secrétaire perpétuel de l'Académie.

ENQUÊTE SUR L'ÉTAT

DE

L'AGRICULTURE FRANÇAISE EN 1865.

Avant d'entrer dans le détail des faits que je me propose d'exposer à l'Académie, je voudrais arrêter un instant son attention sur la nature même de ces faits.

Personne en ce moment ne saurait nier que les souffrances de l'agriculture française, depuis quelques années, aient été, et soient toujours, l'objet de légitimes inquiétudes. Le discours de l'Empereur, à l'ouverture des Chambres, me dispense de tout commentaire sur ce fait si longtemps contesté ou nié par esprit de système.

Désormais ceux qui souffrent et ceux qui s'étaient si justement préoccupés de ces souffrances, ne peuvent que se réjouir de la résolution prise de recourir à une enquête. Tous les intéressés ne manqueront pas de lui accorder leur plus sympathique concours.

Mais, au point de vue de la science, et dans cette enceinte surtout, il y a, ce me semble, plus d'une raison de faire remarquer que le fait propre d'une enquête ne saurait ni clore ni arrêter le débat pour tout ce qui ressort de la science toujours préoccupée de la vérité qui demande à se dégager, ou qui s'annonce depuis longtemps.

Il ne me serait pas difficile de citer, à cette occasion, les actes et les précédents nombreux de l'Académie des Sciences morales et politiques, et il me suffirait, pour donner une idée des travaux qu'elle a accomplis sous ce rapport, de mention-

1

ner une partie des services éminents quelle a rendus pour
jeter de la lumière sur tant de questions délicates et difficiles
par les missions économiques et les concours nombreux
qu'elle a successivement ouverts relativement aux intérêts
moraux et politiques qui touchent au développement de
notre grandeur nationale.

Pour me restreindre ici aux questions purement économiques je n'aurais qu'à citer les belles enquêtes qui ont été
faites en son nom sur la condition des classes ouvrières et
plusieurs de nos grandes industries comme celle du coton,
de la soie, ou tout récemment de la laine.

Je n'ai aucun titre sans doute pour remettre en lumière
ces faits que le public a accueillis avec tant d'intérêt ; mais
j'ai à dire, sur le fait même de ces enquêtes et sur leur
pensée, que le haut exemple donné par l'Académie sur ce
point, ne saurait suffire aux besoins de la science comme
aux intérêts en lutte dans le temps où nous vivons ; aussi
est-ce pour répondre à ces besoins si divers que les membres
d'une association scientifique, dont j'ai l'honneur de faire
partie et que vous connaissez déjà par une précédente com-
munication, ont ouvert, il y a plus d'un an, sans aucun concours étranger, une enquête sur l'état de l'agriculture, enquête
qui, par cela même qu'elle serait dégagée de toute préoccu-
pation des systèmes économiques aujourd'hui en présence,
arriverait avec indépendance à la libre expression des faits
sur lesquels la vérité doit s'appuyer.

C'était déjà beaucoup, sans doute, qu'il y eût en France
une compagnie, comme l'Académie, toujours disposée à
porter ses investigations vers les points les plus délicats de
la science contrôlés par la pratique. Mais ce n'est peut-être
pas assez ; et, dans beaucoup de circonstances, il y a un
très-vif intérêt à ce que les hommes placés dans le courant,

des faits résultant de l'application des doctrines et des théories qui se succèdent, viennent aussi porter leur témoigne sur ce qui se passe et sur ce qu'ils ont pu voir.

C'est dans cette vue que les membres dispersés de l'association des congrès scientifiques avaient décidé, au mois de mars 1865, qu'il serait ouvert pour tous les départements de la France une enquête qu'ils jugeaient indispensable pour faire connaître les besoins comme les souffrances que, par système ou absence de renseignements, beaucoup de personnes ne voulaient ni admettre ni reconnaître.

En cela cependant, comme tout vient de le prouver, nous ne faisions que devancer les intentions même du chef de l'Etat, et si nous nous étions un instant abrités derrière ses propres paroles qui nous ont plusieurs fois engagés à nous occuper nous mêmes de la direction de nos propres intérêts, comme cela se pratique dans quelques grands pays, qu'il nous donnait pour exemple, tout prouve que nous avions eu raison de nous confier à notre propre entreprise, et que la sanction qui vient de lui être donnée doit, en beaucoup de circonstances, disposer le pays à poursuivre lui-même toute information qui pourrait lui être utile.

A ce point de vue, les résolutions du genre de celles que nous avons prises ne sauraient jamais manquer d'avoir la plus incontestable utilité, par le caractère des recherches poursuivies et aussi par la liberté avec laquelle les investigations entreprises peuvent se porter sans entrave vers toutes les questions qui se rapprochent de près ou de loin du point de doctrine ou des intérêts en discussion, ce que ne peuvent pas toujours les informations officielles à cause des précédents qui dominent la situation, ou des intérêts multiples et divers qui peuvent restreindre les questions.

Disséminés sur tous les points du territoire par les sociétés départemettales auxquelles nous appartenons, notre œuvre devenait facile, et il a suffi pour atteindre le but que nous nous étions proposé, de créer une commission spéciale chargée de recueillir tous les renseignements formulés par un questionnaire (1).

Les réponses faites à ce questionnaire, contrôlées et rapprochées entre elles, ont ainsi formé le corps même de notre enquête ; elles ont été fournies soit par les Sociétés et les Comices agricoles, soit par les agronomes, les fermiers et les propriétaires les plus compétents de chaque localité. Dans certains départements, les comices et les sociétés d'agriculture se sont concertés pour nous répondre après délibération.

D'abord considérée en elle-même, cette enquête, dont j'ai l'honneur de mettre sous les yeux de l'Académie un tableau résumant tous les renseignements obtenus (2), nous a donné des résultats que je demande la permission d'exposer, dès ce moment, parce qu'ils sont comme l'expression la plus sensible des faits recueillis.

C'est en premier lieu la perte soutenue et constante à laquelle la plus grande et la plus importante de nos productions, celle des céréales, semble être soumise depuis quelques années par suite de la différence entre le prix de revient et le prix de vente.

Pour une plus grande exactitude, nous avons groupé les départements en cinq zones différentes.

(1) Cette commission est formée de MM. le marquis d'Andelarre, du Chatellier, — de la Londe du Thil, — le vicomte de Meaux, — le marquis de Fournès, — le baron de Montreuil, — et le vicomte de Cornudet.

(2) Ce tableau est annexé au rapport de la commission d'enquête précitée.

Les déposants des départements du Nord, au nombre de 16, comices, sociétés d'agriculture et agronomes, en s'écartant fort peu dans leurs chiffres, fixent la moyenne de l'hectolitre de blé à................... 15 fr. 98 c.
du 1er octobre 1864 au 1er juin 1865
Et le taux auquel le prix du blé serait rémunérateur pour cette région à........... 20 32
Ce qui donne en moins, ou en perte, une différence de........................ 4 34
Pour les départements du Midi, cette différence, constatée par 21 déposants, aurait été de................................ 4 56
Pour les départements de l'Est (18 déposants) elle aurait été de................ 4 14
Pour les départements de l'Ouest (16 déposants) elle aurait été de. 4 45
Et pour le Centre (29 déposants) elle aurait été de........................ 4 34
Ce qui donne pour la France entière une différence moyenne entre le prix de vente et le prix jugé rémunérateur de............. 4 fr. 37 c.

Chiffre énorme qui pour une production courante de 100 à 110 millions d'hectolitres formant la production annuelle constituerait une perte de 400 à 450 millions au détriment de l'agriculture. Et qu'on ne pense pas que ces chiffres aient été complaisamment fournis par les agriculteurs et les Sociétés d'agriculture desquels émanent ces renseignements, car, lors de la discussion au Sénat des pétitions qui ne prévoyaient que trop justement les résultats des dispositions de la loi qui se préparait, les hommes les plus autorisés de cette assemblée fixaient entre 18 et 20 fr. le prix de revient de l'hectolitre de blé en France. Or, depuis 1861, le prix moyen du blé pour les cinq années écoulées n'a été que de 17 fr. 88 c.

Mais on a objecté à cela que l'abondance extraordinaire des récoltes des années 1863 et 1864 devait avoir amené un abaissement qui ne serait lui-même que passager (*circulaires de M. le Ministre de l'agriculture*).

Qu'y a-t-il d'exact dans cette assertion ? — C'est qu'en 1865, année où la récolte s'est trouvée être d'un dixième au-dessous de la moyenne (1) et d'un cinquième ou un quart au-dessous de la récolte de 1864, les prix, loin de se relever, se sont à peine maintenus au taux duquel ils ne se sont guère éloignés depuis la loi du 15 juin 1861 (2).

Cette influence de la loi nouvelle rapportée à des données reposant sur une base plus large, que nous apprend-elle elle-même : — que quand la récolte moyenne des années 1861-62-63-64 et 65 s'est trouvée être de 98 millions d'hectolitres par an, les prix, sous la loi de 1861, n'ont été que de.............................. 17 fr. 88 c.
Et que pour la période quinquenale de 1856-57-58-59 et 1860, régies par la législation ancienne, pour une moyenne production à peu près la même, peut-être de 99 millions d'hectolitres, le prix moyen au contraire avait été de............................... 21   52 c.

ce qui donne une différence de............. 3 fr. 64 c.
et pour une production moyenne de 98 millions d'hectolitres

(1) Note de M. le Ministre du commerce au comice d'Epoisses (Côte-d'Or) du 1er novembre 1865.

(2) M. Barral, dans un résumé récent des prix-courants de 1865, estime que ces prix ont été en moyenne de 2 fr. les 100 kilos au-dessous de ceux de 1864.

une perte sèche tous les ans de 346 millions de francs, chiffre qui s'éloigne peu, comme on le voit, de celui qu'on obtient en rapportant à la même production le chiffre de 4 francs et quelques centimes que les dépositions faites à notre enquête signalent avec un ensemble qui trouve sa justification dans la concordance même des renseignements venus de tant de points différents (1). Mais voulût-on s'inscrire contre cette parfaite exactitude des données fournies, notre assertion n'est-elle pas confirmée par ce qui se passe depuis la loi de 1861 par suite des prix auxquels, dans tous les pays, ont été constamment soumis les différentes espèces de blés. — Consultez les prix-courants de nos marchés depuis quelques années. D'une part, le prix du froment, dominé qu'il est par les introductions probables ou réalisées de l'étranger, baisse invariablement et ne peut plus atteindre les prix de revient, tandis que les menus blés, en dehors de cette menace de l'étranger et en raison de leur bas prix normal qui ne comporte pas les frais de déplacement, acquièrent chaque jour une nouvelle valeur telle qu'aujourd'hui les prix de l'orge et de l'avoine ne s'éloignent pas beaucoup de ceux du froment. Quand la halle de Paris en effet cote depuis la dernière récolte le froment de....... 21 fr. à 21 fr. 50 les 100 kil.

l'avoine atteint ....,..... 20 à 21 » »

et l'orge................ 17 à 18 » »

Autrefois, quand toutes les sortes de céréales étaient soumises aux mêmes influences, l'avoine et l'orge n'atteignaient à bien dire jamais la moitié du prix du froment.

Nous reviendrons sur ces chiffres.

Si, après la production des céréales, nous nous arrêtons à

(1) Cette moyenne a été calculée sur le prix et les tableaux de quinzaine donnés par M. Barral dans le *Journal d'agriculture pratique*.

celle du bétail et particulièrement des bêtes à cornes, nous trouvons les départements des cinq zones unanimes pour accuser dans le nombre des têtes de bétail et l'élévation des prix, une augmentation constante depuis 1861, augmentation qui n'a été un instant arrêtée que par le renchérissement extraordinaire des fourrages par suite des chaleurs anormales et prolongées des étés de 1864 et de 1865.

Toutefois ces mêmes départements accusent une diminution marquée dans le nombre des bêtes à laine.

Mais ce fait pourrait n'être que passager et en partie soumis à une introduction de laines étrangères qui aurait un instant surchargé le marché.

Quant à l'augmentation unanimement signalée dans le nombre et le prix des bêtes à cornes, on se tromperait toutefois en regardant l'élévation du prix de la viande, comme la véritable mesure de l'élévation du prix des animaux eux-mêmes, d'abord parce que l'augmentation rapide de la population des villes et des grands centres industriels a singulièrement favorisé les prétentions de la boucherie et que d'une autre part les droits d'octroi et d'abattoir se sont également prêtés à favoriser cette élévation de prix, si bien que l'on pourrait assez justement dire que l'élévation du prix de la viande sur pied est restée de 40 à 50 0/0 en arrière de celle acquise par la viande vendue à l'étal. Cette différence se constate tous les jours entre les prix de vente de la boucherie qui ne fléchissent à bien dire jamais et ceux acquis sur le marché aux animaux sur pieds qui se trouvent astreints à des baisses périodiques souvent très-marquées (1).

(1) M. de Lavergne, dans une remarquable notice lue à cette Académie en avril dernier, sur les variations survenues dans le prix des objets de consommation depuis le commencement du

Deux autres grands produits de l'industrie agricole, — les alcools et les sucres indigènes, sont signalés, partout où on les obtient, comme ayant subi depuis 1861 des baisses notables et continues dans leurs prix.

En passant de cette appréciation des produits aux moyens et à l'élément même de la production, on trouve que la richesse et la fécondité du sol résultant de sa nature propre et du travail comme des amendements qui lui sont prodigués se manifestent dans les départements du nord par :

21 hectol. 50 de blé à l'hectare avec un accroissement depuis dix ans dans les produits généraux de................... 24 0/0

Dans les départements du midi par:

14 hectol. 45 avec un accroissement de........... 5 0/0

Dans l'est par :

16 hectol. 26 avec un accroissement de........... 7 0/0

Dans les département de l'ouest par:

14 hectol. 75 avec une élévation de............ 10 0/0

Et dans le centre par :

15 hectol. 27 avec une augmentation de......... 15 0/0 en dix ans.

Ce qui donne, pour l'ensemble de la France, une production moyenne par hectare de :

16 hectol. avec une augmentation en dix ans de........................12,25 0/0 dans la production comparée de l'hectare.

Recherchant, après cette appréciation des qualités et de la force productive du sol, les conditions dans lesquelles le

siècle, faisait ressortir la vérité de cette assertion par des chiffres qu'il est impossible de contester.

1.

travail agricole s'est lui-même accompli, on trouve d'abord
que le nombre des bras occupés aux travaux de la campagne
s'est abaissé depuis dix ans de..................... 27 0/0
Dans l'ensemble de la France, et que cette baisse
s'est fait sentir comme suit dans les cinq zones ob-
servées :

Dans le nord, de........................... 23 0/0
Dans le midi, de........................... 25 0/0
Dans l'est, de............................. 28 0/0
Dans l'ouest, de........................... 27 0/0
Et dans le centre, de...................... 30 0/0

Cette rareté des bras, que nous étudierons plus tard à d'autres points de vue, devait avoir son influence naturelle sur le
taux des salaires, sujets d'ailleurs à d'autres causes de variations, et il est arrivé, d'après les chiffres que l'enquête nous
a fournis, que, sur l'ensemble de la France, l'augmentation
des salaires agricoles, ouvriers et gagistes réunis, ne peut
être évaluée à moins de....................... 39 0/0
Qu'elle a été dans le nord, de............... 41 0/0
Dans le midi, de........................... 33 0/0
Dans l'est, de............................. 34 0/0
Dans l'ouest, de........................... 36 0/0
Dans le centre, de......................... 50 0/0

Arrêtons-nous ici à quelques considérations sur les faits
que nous venons de signaler.

On ne peut d'abord se refuser à reconnaître que l'agriculture française entrée depuis vingt-cinq à trente ans dans la
voie des perfectionnements que la science et les exemples de
plusieurs pays étrangers lui indiquaient, a convenablement
et très-noblement répondu à l'appel qui lui était fait dans

l'intérêt commun du pays. — Rien ne le prouve mieux que
le développement soutenu de l'élève du bétail et l'accroissement accusé partout dans la population des bêtes d'étable,
fait que confirment aussi les recensements de l'administration,
quoique ses chiffres ne remontent pas très-loin et ne soient
peut-être pas d'une certitude absolue (1).

Sur un autre point l'augmentation obtenue depuis dix ans
dans toutes les zones indistinctement sur le nombre d'hectolitres de blé produits à l'hectare, prouve également que d'utiles
et fructueux efforts ont été faits en faveur de l'amendement
du sol. Nous avions d'un autre côté déjà constaté depuis
longtemps pour le Finistère auquel nous appartenons qu'avec
ce perfectionnement des cultures, le poids de l'hectolitre
s'élevait lui-même assez sensiblement d'une moyenne de
75 kilog. pour les cinq années écoulées de 1804 à 1809 à une
moyenne de 78 kilog. 60 pour les années de 1832 à 1836,
chiffre qui continue à se maintenir.

Enfin si la diminution des bras affectés au travail des
champs prouve, concurremment avec une production de plus
en plus élevée, que les procédés perfectionnées et les machines ont été appliqués avec une utile sagacité, il faut reconnaître par ces nouveaux faits que l'agriculture dans ses
moyens généraux a usé de toutes les ressources à sa disposi-
tion, d'abord pour obtenir de plus abondants produits; secon-
dement pour les obtenir par les moyens perfectionnés que la
pratique et la science recommandent le plus vivement. Mais

(1) En 1862, l'administration, d'après la statistique officielle,
comptait 3,000,000 de chevaux au lieu de 2,766,000 qu'elle signalait en 1852. — Les bêtes à laine auraient été de 35 millions en
1862, au lieu de 33 millions signalés en 1852. Elle ne donne pas
de terme de comparaison pour les bêtes à cornes.

en même temps nous ne pouvons omettre de faire remarquer que le mouvement des salaires rapproché de celui de la population accuse, pour les cinq zones indistinctement, des élévations dans le prix du travail parfaitement en rapport avec la rareté des bras, ce qui prouve que l'emploi des machines et des méthodes nouvelles est loin d'avoir suppléé à l'absence des travailleurs.

Mais il y a maintenant à se demander si ces louables efforts et les sacrifices en argent qu'ils ont exigés ont donné tous les résultats désirables, ou, en d'autres termes, si ceux qui se sont imposé ces sacrifices ont obtenu les justes profits auxquels ils avaient droit ?

Nous avons déjà dit ce qu'il fallait penser de la baisse constante survenue dans le prix des céréales. Les sucres, les alcools ont également subi depuis 1861 des réductions qui ne permettent pas dans beaucoup de circonstances de couvrir les frais de production.

Les plaintes réitérées des sociétés d'agriculture, les doléances des chambres et jusqu'aux circulaires de M. le ministre de l'agriculture qui, pour réfuter ces plaintes rejetait les bas-prix de nos marchés sur l'abondance exceptionnelle de la récolte de 1864, quand la médiocrité de celle de 1865 n'a rien changé à cette défaillance des prix, tout vient confirmer l'importance de ces plaintes et le chiffre des pertes subies, fait que l'administration de l'enregistrement elle-même confirme par l'abaissement de ses produits (1). Comment en douterait-on, en effet, en reportant ses regards sur un autre point de la question, celui des salaires.

(1) 9 premiers mois de 1865 pour les droits d'enregistrement, de greffe, d'hypothèque, etc........   240,935,000 fr.

En 1864...............   244,931,000

En 1863..............   244,420,000

Rapprochez un moment les prix de main-d'œuvre à la ville de ceux obtenus dans les campagnes et vous verrez que quand ces prix ne se sont élevés à la campagne que de 39 0/0 en dix ans, malgré une réduction corrélative dans le nombre des bras restés disponibles, ils ont au contraire doublé dans les villes quoiqu'il y ait de ce côté et pour les centres industriels une augmentation notable de population, et par conséquent, offre nouvelle et redoublée de bras et de travailleurs, ce qui montre une fois de plus que les profits et les gros bénéfices sont à la ville et non à la campagne.

Si nous précisons les faits par les chiffres mêmes, que trouvons-nous dans les mouvements comparés des deux populations urbaine et rurale, qui ne confirme cette assertion. Dès le recensement de 1856, M. Wolowski, rendant compte d'un important travail de M. Legoyt, chef du bureau de la statistique au ministère de l'agriculture et du commerce, faisait remarquer que dans la seule période quinquennale de 1851 à 1856 les communes de 10 à 20,000 âmes s'étaient élevées de 76 à 113; celles de 20,000 âmes et au-dessus, de 43 à 69, tandis que les petites communes, rurales pour la plupart et au-dessous de 5,000 âmes, avaient subi en nombre une réduction de 379.

En reprenant les choses de plus loin, de 1790 jusqu'à nos jours, ces rapports ne paraissent pas avoir changé : M. de Lavergne, sans que ses chiffres peut-être soient d'une exactitude absolue (c'est lui qui le dit), estimait, comme M. Wolowoski en 1859, que si dans près de 70 ans, la population des communes au-dessous de 2,000 âmes ne s'était élevée que de 1,500,000 sur 22 millions, la population urbaine était arrivée de 6 à 14 millions, c'est-à-dire qu'elle aurait

plus que doublé, quand l'autre serait restée à peu près stationnaire (1).

D'accord sur ces mêmes faits MM. Wolowski et Legoyt estimaient que, dans la seule période quinquennale de 1851 à 1856, 3 millions d'habitants avaient ainsi abandonné les campagnes pour les villes.

Ces faits sont, comme on le voit, parfaitement d'accord avec ce qu'établit notre enquête quand elle nous apprend que la partie la plus mobile de la population a perdu depuis dix ans seulement 27 0/0 de son importance par suite d'émigration à la ville, cela ne peut faire de doute. Aussi trouvons-nous que c'est avec beaucoup de raison que M. de Lavergne discutant en 1861 les chiffres de M. le chef de la statistique au ministère sur l'émigration des habitants de la campagne vers la ville, disait que si ce chiffre d'un recensement à l'autre avait été d'un dixième de la population, c'était en réalité le quart des travailleurs agricoles qui s'était éloigné des champs, l'émigration elle-même n'ayant pu porter que sur la partie virile de la population.

Nous n'avons pas besoin, sans doute, de vous arrêter davantage sur la gravité de ces faits, et il suffira que nous rappelions en même temps que depuis 12 à 15 ans l'augmentation normale que suivait notre population s'est très-sensiblement ralentie ; qu'en 1856 cinquante-quatre départements avaient vu leur population diminuer d'un recensement à l'autre, qu'au recensement de 1861, les choses n'avaient pas changé, puisque 29 départements étaient encore en perte sur le recensement de 1856 et que l'ensemble de la

(1) *Séances de l'Académie des sciences morales et politiques* (février 1859).

population recensé en 1861 ne présentait à bien dire aucune augmentation, 36,643,000 habitants pour 86 départements au lieu de 36,605,000. On sait d'une autre part que depuis quelques années nous sommes en perte très-sensible vis-à-vis de presque tous les pays de l'Europe, comme on l'a fait remarquer plusieurs fois dans cette enceinte et ailleurs; si bien que la plupart des pays étrangers ont augmenté leur population de 50 0/0 depuis 1789 quand la nôtre s'est à peine élevée de 33 0/0, et que l'Angleterre a plus que doublé la sienne en arrivant de 13 millions d'habitants à 28 millions sans compter ses colonies (1).

Quant à la situation de l'agriculture elle-même, il nous semble donc qu'il ne peut y avoir aucune hésitation sur ses souffrances.

Plusieurs de ses produits se vendent en baisse sur les prix anciens et au-dessous des frais de revient; enfin si un de ses plus notables produits les bestiaux et la viande de boucherie ont profité depuis quelques années d'une augmentation sur les prix, il est au moins prouvé, par l'affluence chaque jour plus active des populations vers les villes et les centres industriels, que cette augmentation n'est pas onéreuse à ceux qui la soldent, et qu'on peut assez justement dire d'une autre part que l'accroissement rapide des salaires et des profits industriels dans les villes s'est élevé beaucoup plus promptement encore que le prix de la viande et des denrées recherchées des habitants de ces villes. La contre-partie de ce fait serait en même temps, comme nous l'avons déjà dit, que l'élévation du prix des bestiaux, quelle qu'ait été cette élévation, n'a pas été suffisante pour retenir aux champs les gens qui continuent à s'en éloigner plus que jamais.

(1) *Séances de l'Académie des sciences morales* (février 1861).

Mais arrivons au fait capital et prédominant de la situation faite à l'agriculture depuis cinq ans par la loi du 15 juin 1861, dont l'influence regrettable ne pourra plus être contestée de personne, puisque, bon an, mal an, avec des récoltes médiocres ou abondantes, les prix ne se relèvent pas, et que la production se trouve ainsi frappée jusque dans sa source.

Je ne me dissimule pas, toutefois, qu'après tant de faits mis en avant pour la suppression de l'échelle mobile (que personne ne regrette) il y a une difficulté incontestable à dégager aujourd'hui la question de ses considérants presque populaires pour l'envisager à son véritable point de vue, et faire entrer dans le débat les intérêts de la production aussi bien que ceux de la consommation que je ne puis séparer les uns des autres parce qu'ils me paraissent parfaitement solidaires.

Mais je n'hésite pas à dire tout d'abord que si la suppression de l'échelle mobile comme l'établissement de la liberté absolue des échanges pour les produits agricoles, n'ont pas répondu à ce qu'en attendaient les plus fermes partisans de la liberté du commerce, c'est que dans cette réforme de nos tarifs on a traité et considéré l'industrie agricole au même point de vue que les industries manufacturières auxquelles on dit incessamment de produire *plus* et à *meilleur marché* afin de compenser les réductions de prix par les quantités.

Suivant nous, cette recommandation faite à l'agriculture part d'une observation mal faite, et ne peut entraîner avec elle que des désastres. Reprenez l'histoire de notre pays et celle des plus grands États de l'Europe depuis plusieurs siècles, et dites si chez nous comme ailleurs, la richesse et la prospérité du pays ne sont pas toujours indiquées par

l'élévation du loyer de la terre et du prix de ses productions (exception faite des temps de disette), et si un prix
ferme et rémunérateur des céréales, n'a pas toujours été
aux yeux des gouvernements le signe le plus sûr de l'aisance
générale des habitants comme de l'agriculteur, — que pour-
rait-on en effet avoir à craindre de ce côté? — est-ce que
de nos jours comme à toutes les époques passées, les salaires
et les profits des industries exercées à la ville, où les populations affluent sans intervalle depuis cinq à six siècles, ne
se sont pas toujours élevés beaucoup plus rapidement que
ceux de la campagne?

L'erreur est grossière d'avoir ainsi voulu considérer
l'agriculture comme étant placée sur le même pied que
les industries manufacturières ou commerciales, pour
lui demander qu'elle produise plus et à meilleur marché
en lui donnant pour compensation aux droits protecteurs qu'on cessait de lui accorder les marchés nouveaux
de l'étranger.

Y a-t-on bien pensé? Je conçois que par l'abaissement de
vos tarifs vous ouvriez de nouveaux marchés là où il n'y a
pas de fabriques pareilles aux vôtres, à des tissus de soie,
de coton ou de laine, ainsi qu'à tout objet de luxe ou de
fantaisie, qui, à l'aide de capitaux et de bras, peuvent être
produits en qualités meilleures qu'à l'étranger, ou en plus
grandes quantités qu'ils ne l'ont été jusqu'à ce jour. —
Dans ces conditions de développement tout devient profit,
les quantités qui augmentent et les prix qui s'abaissent
tournent à l'avantage commun du pays.

Mais pour les produits agricoles, c'est tout autre chose;
et le sol cultivé dans les pays qui le sont déjà depuis des
siècles, ne s'étend ni ne s'agrandit à volonté, ainsi que les
fabriques et les établissements manufacturiers ou de confec-

tion. Le sol ne peut s'amender que dans une mesure très-limitée, et les produits obtenus par une culture savante, et de nouveaux capitaux, n'ont pas sur les marchés étrangers des placements du genre de ceux qu'obtiennent des produits manufacturés quels qu'ils soient; puisqu'ils ne peuvent arriver avec avantage que dans des pays où les articles similaires ou équivalents sont déjà en possession de satisfaire aux besoins des habitants. L'agriculture, en effet, ne donne généralement que des produits alimentaires et tout pays a les siens consacrés par un usage séculaire. Vos blés, vos bestiaux, vos fruits, vos légumes, vos volailles, votre gibier même sur quelque marché que vous les portiez ne pourront y être reçus tout au plus que comme un complément de luxe ou de confortable à la nourriture habituelle des habitants, à peu près comme le riz et certaines salaisons qui sont reçues chez nous en petites quantités mais sans faire cesser l'usage du pain, des farines ordinaires ou de la viande, produits spontanés du sol.

À ce point de vue, l'abaissement des tarifs étrangers obtenu par tous les traités de commerce possibles, ne peut être qu'une illusion et l'occasion d'un mirage trompeur.

Mais, dira-t-on, à ce compte l'abaissement de nos propres tarifs et la suppression des droits anciens vis-à-vis des produits agricoles de l'étranger, ne serait donc pas plus dangereux pour nous que la suppression de ces mêmes droits chez l'étranger ne nous a été avantageuse?

Cela serait vrai si l'état des cultures, les conditions générales de la civilisation ainsi que les développements de la science étaient les mêmes chez les deux peuples entrés en relations d'échange, et je ne peux mieux le constater qu'en rappelant le bienfait inespéré que produisit en 1790 la suppression de toutes les barrières locales que les provinces opposaient les unes aux autres, quand pour compléter cette suppression, toutes les terres, les cultures et les industries de ces mêmes provinces furent ramenées à un état de parfaite égalité pour les charges et les impôts qui remplacèrent les taxes et les droits anciens, d'origine et d'importance si différentes.

Mais aucun fait pareil s'est-il produit de nos jours, et est-il même possible, dans ce nivellement nouveau des tarifs de douanes d'un peuple à l'autre eu égard à notre sol et à ses cultures? Ici, comme en France où vous avez une civilisation très-avancée, des besoins multipliés et de tous genres, de luxe et de bien-être, il nous a fallu des ressources financières chaque jour croissantes que vous avez surtout demandées au sol et à la propriété. Là, dans d'autres pays au contraire, suivant le climat et la nature du sol, la production se trouve souvent plus féconde, moins coûteuse parce que l'industrie y existe à peine, que les bras y abondent à des prix réduits et que par conséquent le loyer de la terre s'y trouve à un taux très-inférieur.

Je me crois donc autorisé à le répéter, ces abaissements de tarif pour l'agriculture et ses produits ne sont qu'une illusion, parce que les conditions de culture et de production ne sont pas les mêmes dans les pays avec lesquels on nous a mis en concurrence et que ceux-ci peuvent inonder notre marché de produits obtenus à des prix beaucoup au-dessous de ceux auxquels nous pouvons les produire (1).

(1) Pour ne citer que l'exemple de la Russie, est-il nécessaire de rappeler que les vastes provinces de la partie méridionale de ce pays, les gouvernements de Podolie, de Kiew, de Volhinie, de Kerson et autres produisent les grains presque sans culture; qu'une couche d'humus noir de deux mètres de profondeur assure presque sans frais une production moyenne de 18 à 20 pour 1,

Il en est sur ce point du nouveau régime introduit par l'abaissement réciproque des tarifs sans l'établissement des mêmes conditions pour la production agricole, comme il en eut été en 1790 pour nos provinces, si, après la suppression des aides et des droits de traite, qui repoussaient les produits d'une province à l'autre, on n'avait supprimé du même coup les tailles, les capitations et les vingtièmes qui pesaient inégalement sur ces provinces pour les ramener toutes aux mêmes impôts et aux mêmes charges qui devaient laisser à la production les mêmes chances de vente et de circulation.

Notre pays ne peut que souffrir beaucoup d'un tel état de choses ; et il suffit pour le démontrer de faire observer par quelles brusques transitions nous avons passé depuis 1861, puisqu'avec une récolte de 75 millions d'hectolitres il a été introduit cette même année près de 16 millions d'hectolitres de blés étrangers représentés par une somme de 442 millions de francs, tandis que sous l'empire de l'ancienne loi, à six ans de distance seulement, en 1855 pour une production moindre qui n'était que de 72 millions d'hectolitres, l'introduction de l'étranger n'avait été que de 3,967,000 hectolitres représentés par une somme de 164 millions.

Si en s'arrêtant à ces faits, on ne les considérait qu'au point de vue de la consommation, nul doute que le bénéfice de 1861

qui s'élève souvent au-delà, tandis qu'avec des frais et des charges énormes nous produisons à peine 6 à 7 en moyenne. Faut-il ajouter que les chemins de fer, qui se substituent, dans l'empire russe comme ailleurs, aux anciens modes de transport, rendent chaque jour les exportations en blé de plus en plus considérables, et que, le jour où les minoteries et les fabriques de pâtes et de biscuit y auront pris les développements naturellement indiqués, notre agriculture verra partir de ce point une concurrence de plus en plus redoutable.

sur 1855 ne fût très-considérable; mais, en passant du consommateur au producteur, il y a lieu de faire remarquer que la masse compacte des populations adonnées à la culture des champs a ainsi vu passer à l'étranger une somme de plusieurs centaines de millions, que d'autres circonstances et une protection plus en rapport avec les sacrifices imposés à l'agriculture lui eussent ménagée en lui donnant les moyens de faire profiter de ces millions le commerce et l'industrie.

Considérée à un autre point de vue, cette dépréciation forcée du prix des céréales est-elle plus légitime et plus conforme aux besoins comme aux droits des hommes adonnées à la culture des terres qu'ils soient propriétaires ou fermiers? Quand les uns et les autres avaient contracté entre eux, sous l'empire de l'ancienne loi pour le loyer des terres à mettre en culture, le prix de ce loyer, à l'aide de baux à longs termes, avait été réglé et débattu, d'une part, en raison des impôts et des charges qui pesaient sur l'instrument du travail; de l'autre, pour le fermier, sur des prix dont les produits agricoles jouissaient sur le marché depuis longues années.

Qu'est-il nécessaire de s'arrêter plus longtemps au rapprochement de ces faits pour rappeler à toutes les personnes engagées dans les intérêts de cet ordre, ce qu'elles ont entendu de plaintes depuis quelques années à l'occasion des difficultés survenues pour l'entière exécution des contrats consentis à l'abri d'un régime auquel ont succédé des essais de nature à compromettre tant d'intérêts et de droits justement acquis.

Tout semble en effet justifier cette manière de voir, et quand nous nous reportons à tous les magnifiques résultats qui étaient annoncés comme devant procéder des libertés et des franchises, source, disait-on, d'une prospérité sans limites, nous ne voyons trop que répondre à ceux qui nous

demandent aujourd'hui où sont ce commerce et ces exportations de céréales qui devaient faire de la France le marché
privilégié de l'Europe et du monde entier. Nous voyons
nos prix écrasés, notre production dépréciée. Depuis les quatre années écoulées à partir de 1861, les exportations ont été
de la moitié au-dessous des importations, et celle-ci ayant
été en moyenne pour les quatre années 1861-62-63 et 64 de
6,961,000 hectolitres, l'exportation n'a été que de 3,434,000
hectolitres, et encore probablement parce qu'on a fait entrer
dans ce dernier chiffre, comme commerce spécial, les farines
obtenues de blés étrangers introduits à l'entrée. — Que nous
apprend au contraire le dernier relevé décennal de la pu-
blication officielle faite par le ministre de l'agriculture pour
les années de 1847 à 1856 soumises à l'ancienne législation? Que la moyenne de ces années a été pour l'importa-
tion de 3,700,000 hectolitres et que celle de l'exportation l'a
presque égalée en s'élevant à 2,108,000 hectolitres. On
objectera peut-être qu'en 1861, année de rareté, il a été
introduit 15 millions d'hectolitres ; mais les années 1863 et
1864 ont été des années d'extrême abondance qui auraient
dû favoriser l'exportation ; puis si l'on parcourt la période
décennale, prise pour terme de comparaison, on n'y trouve
aucune année dépassant pour la production, 97 millions
d'hectolitres, tandis que 1863 et 1864 donnaient 116 et 111 millions. De l'autre côté au contraire on trouve trois, quatre
années de rareté qui ont exigé des introductions annuelles
de 5, de 9 et de 11 millions d'hectolitres.

En reprenant les choses à un autre point de vue, celui
du prix des blés, on remarque en outre que le prix moyen de
l'hectolitre dans la période décennale a été de . . 21 fr. 98 c.
tandis que depuis 1861 cette moyenne n'a
été que de . . . . 17 fr. 88 c.

sans que cependant les exportations se soient relevées. D'où il résulte qu'eu égard aux quantités obtenues de nos propres récoltes, comme aux prix-courants de la marchandise, le nouveau régime aurait été de tous points très-peu favorable à l'exportation qu'on avait regardée comme devant être une source inespérée de richesse.

Il y a évidemment dans ces faits plusieurs choses inexpliquées : mais ce n'est ni le lieu ni le moment de nous y arrêter. Cependant en faveur de ces exportations dont on se promettait tant de merveilles, à quel point de vue ne s'était-on pas placé : — Les blés étrangers qui viennent nous faire concurrence sur notre marché après y être arrivés moyennant un droit illusoire de 50 cent. par quintal métrique, sont autorisés à se rembourser de ce droit sur notre trésor quand après avoir fait baisser nos prix et être restés invendus, il plaît à leurs propriétaires de leur faire prendre la voie de l'exportation sous forme de farine. Si bien qu'après avoir essayé de notre marché, ils réalisent ainsi une prime de 50 cent. par préférence à nos propres produits.

Mais, ont dit quelques partisans résolus d'un principe, qui, suivant eux, ne doit fléchir sur aucun point : si le blé, la viande et d'autres produits agricoles sont à plus bas prix chez nos voisins et chez d'autres peuples, il faut les y aller chercher ; et, en retour, nous leur porterons des produits manufacturés dont le solde fera compensation aux déboursées que nous auront occasionnés les importations réalisées...

D'abord il y aurait à examiner si un grand peuple qui, depuis 12 à 15 siècles, a justement pris le sol et sa fécondité pour la base la plus sûre de sa richesse et de sa force, peut ainsi déserter inopinément les conditions et les moyens auxquels il doit sa prospérité acquise. Sans entrer dans les détails d'une pareille discussion, il me suffit pour rester dans le doute, sur l'efficacité d'un tel système, de voir le ralentissement qu'on signale dans le développement général de notre population, l'amoindrissement chaque jour croissant de notre population rurale, et les pertes relatives et continues que le chiffre des naissances subit par comparaison à celui des décès (1).

Mais si nous souffrons, si notre agriculture est en perte depuis quelques années, et si comme on le dit cependant, nos traités de commerce et la suppression de certains droits protecteurs ont été la conséquence forcée d'un état nouveau de nos relations avec l'étranger et de conditions également nouvelles dans le mouvement des affaires et des hommes par suite de l'établissement des chemins de fer et de la rapidité extraordinaire des communications, toutes choses que nous sommes loin de nier et dont nous nous réjouissons comme tout le monde; il ne s'agirait plus de savoir comment on rendrait à la propriété et à l'agriculture la protection qu'on leur a retirée, mais comment, dans la position nouvelle qu'on leur a faite, on les mettrait en mesure d'accomplir aujourd'hui les évolutions de nature à leur ramener la prospérité qui leur échappe, et leur assurer les moyens de développement qui leur sont encore nécessaires pour atteindre, comme l'Angleterre et la Belgique, par exemple, toute la puissance de richesse et de force que les qualités et l'etendue de notre sol comportent.

Pour cela il y a d'abord à se demander si en établissant

(1) Ce ralentissement du chiffre des naissances à l'égard de celui des décès date surtout de 1854. A cette époque, M. Wolowski signalait déjà pour cette année un premier excédant des décès sur les naissances de 68,318, et pour l'année suivante, en 1855, un excédant de 39,274 décès. — (*Séances de l'Académie des sciences morales*, février 1861.)

par les traités de commerce un nouveau mode de relations avec
les pays qui nous sont ouverts, le sol et nos produits, d'après
les faits que nous avons exposés, se trouvent chez nous dans
des conditions pareilles, à celles où se trouvent ces mêmes
éléments de richesse chez les peuples avec lesquels un nouveau courant d'affaires et d'échanges a été établi.

Pour répondre à cette question très-délicate et très-difficile
à élucider, et cependant très-digne de considération, j'ai
repris le travail d'un de mes amis, M. de Romanet, membre
de l'ancien conseil général de l'agriculture, qui prévoyant,
dès 1845, les embarras qu'allait subir l'agriculture française
par suite de la suppression des droits protecteurs, venait
devant l'Académie des sciences morales, dire ce qu'il avait
cru remarquer sur la position anormale et exceptionnelle
qui était faite à notre agriculture par comparaison à ce qui
se passait dans les autres pays de l'Europe.

Prenant pour cela le budget de la France et ceux de ces
autres pays, il faisait justement remarquer que quand les
impôts directs qui atteignent particulièrement la propriété
foncière, élément primitif de la production agricole ne s'é-
levaient en Angleterre qu'au........ 10e du budget général,
En Bavière et en Espagne au...... 5e   —
En Russie, en Hollande et dans les
Etats Sardes à................... 1/4   —
En Prusse dans le grand duché de
Bade et dans les Etats Romains à.... 1/4   —
Et dans le Danemark, en Belgique,
en Autriche, dans le Wurtemberg et les
deux Siciles à une proportionnelle qui
épassait à peine le tiers............ 1/3   —
il se trouvait qu'en France ces mêmes impôts formaient au
contraire la moitié des taxes exigées du pays entier pour faire

face à ses dépenses ; de sorte que le sol et la propriété supportaient ainsi la part la plus lourde des charges de l'Etat. Depuis 1845, quoique nous ayons passé en 1848 par les 45 centimes qui portèrent la masse des impôts directs au-delà du produit général des impôts indirects, les choses se sont, sans contredit, beaucoup améliorées par le fait naturel du développement de l'industrie et des taxes qui lui incombent et se sont élevées à un milliard environ.

Mais de ce côté les autres pays avec lesquels nous sommes en relation ont acquis des développements du même genre, et l'écart entre les impôts directs et indirects, entre les charges imposées à la propriété et celles supportées par l'industrie proprement dite dans ces mêmes pays, s'est aussi beaucoup élargi, de sorte que la propriété et les produits agricoles de la France restent toujours vis-à-vis de ceux de l'étranger dans une position de défaveur marquée et d'infériorité difficile à surmonter.

Nous savons tous que le gouvernement de la Restauration, cédant à des considérations fondées sur ces inégalités de répartition dans l'impôt, avait réduit l'ensemble des contributions directes de 92 millions, et qu'en 1850 le gouvernement de la république, dominé par les mêmes considérations, avait accordé un nouveau dégrèvement de 28 millions, dégrèvements malheureusement aujourd'hui devenus illusoires par l'élévation successive des centimes additionnels qui ont atteint le chiffre de 204 millions. Mais, si on recherche quel a été le développement nouveau de la richesse industrielle et commerciale du pays par l'accroissement seul des importations et des exportations réunies qui se sont élevées depuis 1815 d'une valeur de 600 millions à peine (595,820,548 fr.) à la somme prodigieuse de près de 8 milliards — (dernière évaluation des douanes pour 1865), on se demande naturellement pourquoi l'écart aujourd'hui existant entre les contributions directes et celles produites par les consommations n'est pas plus marqué et pourquoi le sol et la propriété supportent encore une charge de 660 millions formés de l'impôt foncier avec ses centimes additionnels, de celui des portes et fenêtres et des droits de timbre et d'enregistrement afférents à la propriété avec les frais d'hypothèques (1), sans parler des valeurs hypothéquées sur ces mêmes propriétés et que l'administration et plusieurs économistes fixent entre 12 et 15 milliards (2).

En effet, si le seul commerce extérieur depuis 1831 jusqu'à 1865, pour embrasser d'un seul coup la grande période de notre mouvement industriel, s'est élevé, importations et exportations réunies, de moins de 900 millions (829,763,000 francs) à 8 milliards, comment se fait-il que, quand les échanges avec l'étranger et le commerce intérieur suivaient une progression si rapide, comment se fait-il : que la charge contributive afférente à l'industrie et aux consommations dont les 19 millions d'agriculteurs paient aussi leur part, ne se soit élevée que de 549,796,000 fr. à 1,001,894,000 francs (chiffre de 1861).

N'aurait-il pas été opportun en signant les nouveaux traités de commerce par suite desquels on est arrivé à la modération ou à la suppression complète de droits que l'industrie acquittait précédemment, d'examiner, si par suite de ce juste principe pour la répartition de l'impôt : *à chacun suivant son*

(1) *Mémoire* de M. le marquis d'Audiffret *sur la Répartition des impôts en* 1861, *Séances de l'Académie des sciences morales et politiques* (Institut), novembre 1863.

(2) L'évaluation de l'administration de l'enregistrement, en 1840, fixait le chiffre nominal des inscriptions à 11,223,265 fr. (Rapport à la chambre des députés, p. 11 et 12.)

avoir et ses facultés, il n'y aurait pas eu lieu, afin de mettre l'agriculture comme l'industrie en position d'entrer en lutte avec l'étranger, de l'alléger de quelques-unes des charges qui la retardent dans son essor.

Il en est d'elle aujourd'hui comme d'un homme qui aurait des entraves aux jambes et auquel on dirait : Voilà des barrières que nous renversons pour toujours et qui ne se relèveront plus. Allez et marchez... A merveille : vous aurait-il répondu ; mais donnez-moi les moyens de fournir cette course et pour cela débarrassez-moi des entraves qui me retiennent.

L'agriculture, comme cet homme, demande à être débarrassée d'une partie de ses entraves, et quelles entraves ? 11 à 1,200 millions au moins d'après les calculs de M. le marquis d'Audiffret dont j'admets avec une pleine confiance les supputations, à savoir 600 millions d'impôts directs, 100 millions d'actes authentiques, et 500 millions d'intérêts et de frais hypothécaires.

Je ne me dissimule pas que nous touchons ici à une question délicate et d'une nature très-complexe. Mais en nous renfermant dans le fait particulier de l'agriculture, que tous les gouvernements proclament si digne d'intérêt, depuis qu'on a bien voulu la considérer comme un des plus solides éléments de la richesse publique, je voudrais m'arrêter un instant à considérer ce qu'on a fait pour elle. Je serai bref et ne dirai que peu de mots de ce qu'on avait fait sous le régime de l'ancienne monarchie ; mais à raison des préjugés que la propriété rencontra jusqu'au sein même de la Constituante, celle de nos assemblées qui s'attaqua le plus résolument aux erreurs comme aux abus du passé, il n'est pas inutile de rappeler que longtemps *taillable à merci*, suivant l'expression consacrée du régime féodal, l'agriculture ne commença à être comptée pour quelque

chose, que quand Sully et Olivier de Serres à la fin du xviᵉ
siècle eurent élevé la voix pour faire comprendre qu'elle était
la grande nourricière de l'Etat. La proclamation de ce principe
fut, sans contredit, d'un très-bon exemple ; mais quand les
troubles prolongés de la la ligue et de la minorité du grand
Roi, à quelque temps de là, l'eurent mise aux abois et qu'une
partie des champs restèrent en friche, et les travailleurs souvent sans abri et sans pain, il arriva presque aussitôt que
les guerres sanglantes du règne de Louis XIV s'ouvrirent
pour ne se terminer que par des désastres irréparables. A
qui s'adressa-t-on ? Ce fut, comme toujours, à la propriété
et au sol. Consultez sur les doléances qui, à cette occasion, se firent jour dans quelques provinces, la correspon-
dance administrative de l'époque et les procès-verbaux des
Assemblées d'Etat, et vous verrez qu'il y eut alors des pays
en France où on ne trouvait plus d'hommes pour cultiver
les terres, beaucoup étant morts, d'autres étant retenus
dans les prisons de l'étranger, et qu'en quelques lieux les
femmes se virent forcées de diriger elles-mêmes leurs char-
rues et de s'y atteler quelquefois avec leurs enfants.

Et cependant, en 1789, la propriété par suite de cette haine
invétérée des masses contre les seigneurs et les droits féodaux
qui avaient si longtemps pesé sur elles, continua, suivant
l'expression d'un des plus habiles financiers de notre époque,
à être considérée comme un signe d'aristocratie. Cet injuste
préjugé décida en quelque sorte de son avenir et pendant le
cours de la Révolution elle fut désignée invariablement aux
coups comme aux entreprises des niveleurs et des gouvernements qui firent peser sur elle et sur l'agriculture tout
l'effort et les charges croissantes de la lutte (1).

(1) *Les Finances de la France pendant le XIXᵉ siècle,* par

Pourquoi n'aurions-nous pas la franchise de le dire : il y eut dans ces doctrines et cette manière de faire de la part de la révolution surtout, une erreur grossière et funeste dont les conséquences se font encore sentir, en tenant la propriété dans un état perpétuel de suspicion et en laissant l'agriculture sans moyens de se développer quand déjà cette prétendue aristocratie de la propriété foncière dont on semble avoir pris ombrage, compte aujourd'hui 6 millions de cotes au-dessous de 5 fr. sur un ensemble de 12 millions de cotes.

Que s'est-il en effet passé ? Quand la Constituante, sous prétexte de liberté, supprima du même coup tous les impôts de consommation, elle se retourna vers la propriété, toujours regardée comme une sorte d'apanage aristocratique, par cela sans doute que beaucoup de terres seigneuriales s'étaient longtemps soustraites à l'impôt, et on crut satisfaire au principe vivace et soupçonneux de l'égalité en demandant à toutes les propriétés immobilières indistinctement le quart de leur revenu à titre d'impôt foncier. On ne peut nier les besoins impérieux du moment qui conduisirent à cette regrettable déviation d'un principe ainsi faussé dans sa première application au travail. Avant la révolution il y eut deux classes de terre, les unes nobles, les autres roturières, celles-ci soumises à des charges plus ou moins lourdes, les autres franches et exemptes de tous droits, comme on le sait, l'égalité révolutionnaire, quand on exonérait de toutes charges les produits industriels et de consommation, n'aurait pas dû consister à accabler d'un droit fixe, d'emprunts et de réquisitions de toute espèce les terres, instrument primitif du travail agricole, mais à les ramener toutes à la franchise et à l'exoné-

M. le marquis d'Audiffret — Introduction lue à l'Académie des sciences morales (2e trimestre de 1858.)

ration dont avaient joui les terres nobles de l'ancienne monarchie : la liberté et l'affranchissement ne pouvaient résider dans des charges communes, mais bien dans leur suppression générale. Aussi la suite inévitable de cette erreur comme de cette injustice fut-elle que tous les gouvernements de la révolution sans exception ne recoururent, pendant l'intensité de la crise, à d'autres sources de revenus qu'aux impôts fonciers et aux droits d'enregistrement destinés à saisir la transmission des valeurs immobilières. Mais ces ressources, devenant promptement insuffisantes, on se replia toujours vers la propriété pour lui imposer des dons patriotiques ou des emprunts forcés ; et en combinant des catégories et des subventions proportionnelles, on arriva à prodiguer le titre de *riche* à tous les propriétaires indistinctement, exigeant jusqu'à 200 fr. du modeste revenu de 1,500 fr. et demandant la moitié des revenus pour toute somme au-delà de 9,000 fr. Comment avec de telles combinaisons n'en serait-on pas venu aux réquisitions et aux prestations en nature se présentant sous toutes les formes possibles pour aboutir au *maximum* qui laissa bientôt le cultivateur sans moyens d'existence et sans les ressources courantes pour l'ensemencement de ses terres qu'un instant même il fut question de faire cultiver officiellement par les administrations de district.

C'est ainsi et sans aucune fiction que tout le poids de l'effort révolutionnaire fut exclusivement rejeté sur la propriété et la culture du sol.

Cet état de choses toutefois fut loin de s'arrêter à la fin des troubles ; et si l'impôt des patentes vint, sous le directoire, apporter quelque soulagement à ces souffrances de l'agriculture (1), le rétablissement sous le Consulat de quel-

(1) L'impôt des patentes pendant plusieurs années ne produisit pas au-delà de 30 et quelques millions.

quelques impôts de consommation, comme celui sur les boissons et les tabacs, ne porta encore qu'un remède très-insuffisant aux désastres qu'avait subi la propriété foncière et par suite l'agriculture, son mode naturel d'activité et d'expansion.

Pourquoi en effet comme tout autre élément de travail, le sol, le champ, la ferme à cultiver ne sont-ils pas regardés comme les simples instruments d'une industrie dont il faudrait attendre les produits avant de les taxer, par cela même que ces produits soumis à des influences extérieures qui peuvent être funestes, sont encore inconnus, souvent douteux et très-variables, même hypothétiques. Et quand vous appelez cette industrie (la plus grande du pays puisqu'elle compte 19 à 20 millions de travailleu s) à approvisionner les marchés de l'intérieur, et à poursuivre des échanges avec l'étranger, pourquoi ne la placez-vous pas dans les mêmes conditions que celles accordées à la plupart des industries manufacturières dont les produits par la réduction des tarifs et la suppression d'une foule de droits, ont effectivement profité de remises considérables dont le chiffre peut encore se retrouver dans les anciens droits de douane qu'ils n'acquittent plus et que l'administration pourrait en quelque sorte indiquer, article par article.

Il y a eu là plusieurs centaines de millions abandonnés au travail des manufactures, et nul ne saurait s'en plaindre ; mais pourquoi quelque chose du même genre n'aurait-il pas été fait en faveur des produits alimentaires, qui avant d'arriver sur le marché et d'être livrés à la concurrence de l'étranger, sont frappés de droits fixes ou obligatoires si élevés, qu'aucun hectolitre de blé ne peut sortir des greniers du cultivateur avant d'avoir acquitté des taxes fixes, indirectes ou locales qu'on ne peut estimer à moins de 2 fr. à

2 fr. 50 (1). Et cependant vienne une guerre, une crise quel-
conque, et on ajoute aussitôt un ou deux décimes aux droits
qui pèsent le plus lourdement sur la propriété, sans se refuser les 45 centimes quand une bonne occasion peut les
justifier.

Puis ainsi frappée dans ses ressources les plus indispen-
sables, on lui dit, sous le prétexte spécieux d'échanges et
de retours dont elle ne saurait profiter, qu'elle aura à lutter
sur nos propres marchés avec tous les produits similaires
que les pays, qui n'ont ni les mêmes taxes ni les mêmes
charges que nous, pourront importer. — Et si ces produits,
obtenus dans de meilleures conditions ou à moins de frais,
lui font une concurrence ruineuse, on lui dit que c'est
probablement qu'elle ne sait ni bien s'y prendre, ni profiter
des progrès que la science met chaque jour à sa portée...

Je ne voudrais pas m'arrêter plus longtemps sur un ter-
rain où la théorie même de l'impôt vient se présenter d'elle-
même, et tout en pensant qu'une réforme devient urgente de
ce côté, je me contenterai pour le moment de m'abriter
derrière l'opinion des hommes les plus considérables, qui,
longtemps avant moi et dans cette enceinte même, ont re-
connu et signalé les inconvénients qui s'attachent à l'élévation exagérée de l'impôt direct quand on prétend lui faire
produire une part trop considérable des revenus publics (2).

(1) Dans quelques localités et certains départements, on arriverait même pour des terres de qualités inférieures jusqu'à 3 fr.
de surcharge par hectolitre de blé, en réunissant ensemble les
contributions foncière, mobilière, portes et fenêtres, droits d'enregistrement, prestation en nature, frais d'actes et d'assurance,
droits d'octroi, etc.

(2) Voir dans le *Compte-Rendu des séances de l'Académie des
sciences morales et politiques* le *Rapport* de M. Vuitry *sur le Con-*

Sans espérer toutefois que, de longtemps on consente en France à regarder la propriété foncière, autrefois entachée de féodalité, comme la source élémentaire de la plus grande industrie qui existe, et qu'on la traite en conséquence sur le même pied que celles des industries manufacturières auxquelles on a fait tant de remises par l'abaissement des tarifs, je voudrais qu'on examinât s'il ne serait pas juste et possible, pour répondre aux conditions nouvelles d'un régime d'échanges et de productions qu'il faut laisser à tout leur essor, d'exonérer l'agriculture d'une partie au moins des impôts fonciers et préventifs qui gênent et grèvent si lourdement la production.

Quand on protégeait cette production par des droits d'entrée qui éloignaient pour certains cas les produits similaires de l'étranger, que faisait-on en effet autre chose que rendre à l'agriculture une faible partie des millions qu'elle avait versés par ses impôts fonciers dans le trésor public avant toute production et toute vente.

Si on lui a retiré cette protection, dispensez-la donc des charges qui lui avaient été imposées. C'est son droit comme étant la plus grande et la plus solide industrie du pays, comme étant la source ancienne et éprouvée des plus grands développements de la force et de la richesse publique en France. Les entraves qu'elle a portées si longtemps, ainsi que les charges qui lui ont été imposées dans des circonstances exceptionnelles et difficiles doivent disparaître dès qu'on la convie à franchir les barrières qui la retenaient et qu'on

cours relatif à l'Histoire de l'impôt avant et depuis 1789 (juin 1863). Voir également l'Opinion de M. le marquis d'Audiffret sur la répartition des impôts entre les valeurs mobilières et immobilières, novembre 1863.

l'appelle à subir toutes les chances d'une liberté qui devient en fait de commerce et de production, la CHARTE de tous les peuples et la loi impérieuse de tout travail productif.

ORLÉANS. — IMP. ERNEST COLAS.

l'appelle à subir toutes les chances d'une libé..à qui devient en fait de commerce et de production, la ruvera de tous les peuples et la loi imprimeuse de tout travail prophétif.

www.ingramcontent.com/pod-product-compliance
Lightning Source LLC
Chambersburg PA
CBHW071441200326
41520CB00014B/3786